电网环保知识问答

国网浙江省电力有限公司　组编

中国电力出版社
CHINA ELECTRIC POWER PRESS

内 容 提 要

改善生态环境就是发展生产力。电网企业在切实履行环保节能责任的同时，提升全社会对“绿色电网”的认识是推进“绿色电网”建设的重要条件。

本书采用问答的形式，旨在让社会公众更全面地了解电网环保的基本知识和热点知识，消除大众对电网建设的认识误区和顾虑。主要内容包括电力基本知识、输变电工程的电磁环境、输变电工程的噪声、电网建设项目水土保持和电网固体废物管理等。

图书在版编目（CIP）数据

电网环保知识问答 / 国网浙江省电力有限公司组编 . —北京：中国电力出版社，2021.5
ISBN 978-7-5198-5571-0

Ⅰ. ①电… Ⅱ. ①国… Ⅲ. ①电力工业—环境保护—问题解答 Ⅳ. ① X773-44

中国版本图书馆 CIP 数据核字（2021）第 072863 号

出版发行：中国电力出版社
地　　址：北京市东城区北京站西街 19 号（邮政编码 100005）
网　　址：http://www.cepp.sgcc.com.cn
责任编辑：莫冰莹（010-63412526）
责任校对：黄　蓓　于　维
装帧设计：王红柳
责任印制：杨晓东

印　刷：北京博图彩色印刷有限公司
版　次：2021 年 5 月第一版
印　次：2021 年 5 月北京第一次印刷
开　本：710 毫米 ×1000 毫米　24 开本
印　张：4
字　数：45 千字
定　价：28.00 元

编写单位

国网浙江省电力有限公司

国网浙江省电力有限公司电力科学研究院

杭州意能电力技术有限公司

编 委 会

主　　编	冯　华				
副 主 编	金文德	童　钧	胡建根		
编写组成员	陈晓刚	丰　佳	李治国	钱洲亥	金东春
	毛文利	周晓耘	曹志勇	崔亚兵	刘　敏
	孙　桐	邹烈钊	史　斌	李　辉	汤　栋
	谭城军	陈　聪	周　然	郑川江	高　峰
	史德佩	吕　蒙	祝孟翔		

目 录

第一章 电力基本知识

第二章　输变电工程的电磁环境

第三章 输变电工程的噪声

目录

第四章　电网建设项目水土保持

第五章　电网固体废物管理

第一章

电力基本知识

01 电能有什么特点？什么是电力系统？

电能是目前人类社会使用最清洁和最广泛的二次能源，其特点是不易大规模储存，发电、输电、配电和用电需要在同一瞬间完成。

电能从生产到使用要经历多个环节和大量复杂设备。发电厂发出的电通常是通过升压变电站、高压架空输电线路、降压变电站、配电线路才能到达用户。而电能的生产、传输、分配、使用构成了电力系统，见图 1-1。

02 什么是火力发电？

火力发电是利用可燃物（例如煤）在燃烧时产生的热能，通过发电动力装置转换成电能的一种发电方式。基本生产过程是：燃料在燃烧时加热将水生成蒸汽，燃料的化

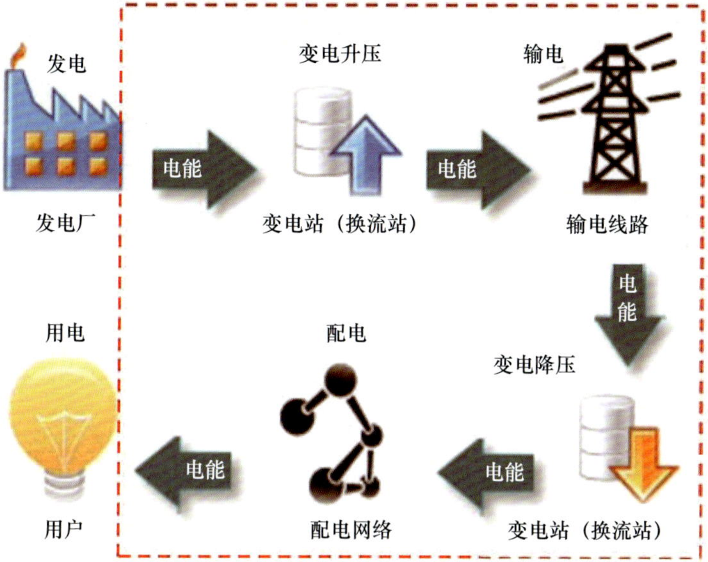
发电
变电升压
输电
电能
电能
发电厂
变电站（换流站）
输电线路
电能
用电
配电
变电降压
电能
电能
用户
配电网络
变电站（换流站）

图 1-1　电力系统

学能转变成热能，蒸汽压力推动汽轮机旋转，热能转换成机械能，然后汽轮机带动发电机旋转，将机械能转变成电能。火力发电厂按燃料种类可分为：燃煤发电厂、燃气发电厂、余热发电厂，和以垃圾及工业废料为燃料的发电厂，我国以燃煤发电厂为主。现代化燃煤发电厂是一个庞大而复杂的生产电能与热能的工厂。它由下列 6 个系统组成：燃料系统、燃烧系统、汽水系统、电气系统、控制系统、环保系统。在上述系统中，最主要的设备是锅炉、汽轮机和发电机，它们安装在发电厂的主厂房内。主变压器和配电装置一般安装在独立的建筑物内或户外。随着国家环保标准的提高，发电厂环保意识的增强，目前燃煤发电厂的超低排放技术得到大力推广，采用多种污染物高效协同集成脱除系统技术，使其大气污染物排放浓度达到燃气机组排放标准，即烟尘、二氧化硫、氮氧化物排放浓度（基准含氧量 6%）分别不超过 $10mg/m^3$、$35mg/m^3$、$50mg/m^3$，比 GB 13223—2011《火电厂大气污染物排放标准》中规定的燃煤锅炉重点地区特别排放限值分别下降

50%、30% 和 50%，是燃煤发电机组清洁生产水平的新标杆。

火力发电厂见图 1–2。

图 1–2　火力发电厂

03 什么是核能发电？

核能发电是利用核反应堆中核裂变所释放出的热能进行发电的方式。它与火力发电极其相似，只是以核反应堆及蒸汽发生器来代替火力发电厂的锅炉，以核裂变能代替矿物燃料的化学能。核电站由核岛和常规岛组成。以最常用的压水堆为例，核岛又称一回路系统，其作用相当于普通火力发电厂的高压蒸汽锅炉，核心是一个封装在厚度为 200mm 的钢壁压力壳中的反应堆。主泵将高压冷却剂（一回路水）送入反应堆，带出核燃料释放的热能；冷却剂由反应堆进入蒸发器，将热量传给管外的二回路水，使之沸腾为蒸汽。流过蒸发器的冷却剂再由主泵送回反应堆循环使用。上述部件全部安装在内衬钢板的预应力钢筋混凝土厚墙厂房中。常规岛又称二回路系统，与普通火力发电厂利用蒸汽发电的汽轮发电机系统基本相同，包括汽轮机、发电机、凝汽器、给水泵及冷却水系统。

核能发电站见图 1-3。

图 1-3　核能发电站

04 什么是水力发电?

水力发电是将蕴藏于水体中的势能转换成电能的一种发电方式。它是由建筑物来集中天然水流的落差，形成水头，并以水库汇集、调节天然水流的流量，基本设备是水轮发电机组。当水流通过水轮机时，水轮机受水流推动而转动，水轮机带动发电机发电，机械能转换为电能，再经过变电和输配电设备将电力送到用户。水能为自然界的可再生能源，随着水文循环，重复再生。水力发电在运行中不消耗燃料，运行管理费和发电成本远比燃煤电站低。同时水能转化为电能的过程中不发生化学变化，不排放有害物质，对环境影响小，因此水力发电是一种清洁的能源发电方式。

水力发电站见图 1–4。

图 1-4　水力发电站

05 什么是光伏发电？

光伏发电是利用半导体界面光生伏特效应将光能直接转变为电能的一种技术。主要由太阳能电池板（组件）、控制器和逆变器三大部分组成，主要部件由电子元器件构成。太阳能电池经过串联后进行封装保护可形成大面积的太阳能电池组件，再配合上功率控制器等部件形成了光伏发电装置，见图 1-5。光伏发电的主要原理是半导体的光电效应。光子照射到金属上时，它的能量可以被金属中某个电子全部吸收，电子吸收的能量足够大，能克服金属内部引力做功，离开金属表面逃逸出来，成为光电子。硅原子有 4 个外层电子，如果在纯硅中掺入有 5 个外层电子的原子，如磷原子，就成为 N 型半导体；若在纯硅中掺入有 3 个外层电子的原子，如硼原子，形成 P 型半导体。当 P 型和 N 型结合在一起时，接触面就会形成电势差，成为太阳能电池。当太阳光照射到 P－N 结后，空穴由 P 极区往 N 极区移动，电子由 N 极区向 P 极区移动，从而形成电流。

图 1-5 光伏发电

06 什么是风力发电？

风力发电是指把风的动能转换为电能。风力发电非常环保，且能够产生巨大的电能，因此越来越多的国家重视风力发电。风力发电的原理，是利用风力带动风车叶片旋转，再通过增速机将旋转的速度提升，来促使发电机发电。依据目前的风车技术，大约是 3m/s 的微风速度（微风的程度），便可以开始发电。风力发电正在世界上形成一股热潮，因为风力发电不需要使用燃料，不会产生辐射和空气污染。

风力发电的装置，称作风力发电机组。这种风力发电机组，大体上可分风轮（包括尾舵）、发电机和铁塔三部分。风轮是把风的动能转变为机械能的重要部件，它由三个螺旋桨形状的叶轮组成。当风吹向桨叶时，桨叶上产生气动力驱动风轮转动，见图 1–6。桨叶的材料要求强度高、重量轻，目前多用玻璃钢或其他复合材料（如碳纤维）来制造。由于风轮的转速比较低，且风力大小和方向

图 1-6　风力发电

经常变化，造成风机转速不稳定，因此在带动发电机之前，还必须附加一个把转速提高到发电机额定转速的齿轮变速箱和一个调速机构使转速保持稳定，然后再连接到发电机上。铁塔是支撑风轮、尾舵和发电机的构架。它高度比较高，是为了获得较大和较均匀的风力，要有足够的强度。铁塔高度视地面障碍物对风速影响的情况，以及风轮的直径大小而定，一般在 6 ~ 20m 范围内。

07 我国输配电系统包括哪些电压等级？

电能传输是用变压器将发电机发出的电能升压后，再经断路器等控制设备接入输电线路来实现。根据结构形式的不同，输电线路分为架空输电线路和电缆线路。架空输电线路由线路杆塔、导线、绝缘子、线路金具、拉线、杆塔基础、接地装置等构成，架设在地面之上。目前广泛应用于三相交流输电，频率为 50Hz。输电系统主要实现电能的远距离传输，其特点是高电压、大容量、远距离。配电系统主要是将电能就近分配到用户，其特点是低电压、小容量、近距离。输电系统根据电能传输方式分为交流输电系统和直流输电系统两大类，配电系统主要采取交流输电方式。在我国交流输配电系统主要采用三相系统，按电压等级分类，有特高压、超高压、高压、中压、低压五类共 12 种电压等级。直流输电系统主要采用双极系统，有特高压、高压两类共 5 种电压等级，具体电压等级分类见表 1-1 和表 1-2。

另外，还有电压源型直流输电（即柔性输电）方式，目前电压等级有 ±160 kV，±200 kV，±320 kV，±500 kV 等。

表 1–1　　我国交流输配电系统的电压等级

输电系统					配电系统		
特高压（kV）	超高压（kV）			高压（kV）	高压（kV）	中压（kV）	低压（V）
1000	750	500	330	220	35/66/110	10/20	220/380

表 1–2　　我国直流输电系统的电压等级

特高压（kV）		高压（kV）		
±1100	±800	±660	±500	±400

08 变电站按布置方式可分为哪几种?

变电站是电力系统中变换电压、接受和分配电能、控制电流流向和调整电压的电力设施，它通过变压器将各级电压的电网联系起来。为了把发电厂发出的电能输送到较远的地方，必须把电压升高，变为高压电，到用户附近再按需要把电压降低，这种升降电压的工作靠变电站来完成。变电站的主要设备是变压器和开关设备。

变电站的布置方式分为三种，分别是户外式、户内式、半户内式，其特点分别如下。

1. 户外变电站

指除控制设备、直流电源设备等放在室内以外，变压器、断路器、隔离开关等主要设备均布置在室外的变电站，见图 1-7。这种布置方式占地面积大，电气装置和建筑物可以充分满足各类距离要求，如电气安全净距、防火间距等，运行维护和检修方便。电压等级较高的变电站一般采用户外布置。

2. 户内变电站

指变压器、断路器、隔离开关等主要设备均放置在室内的变电站，见图 1-8。该类型变电站减少了总占地面积，但对建筑物的室内布置要求更高，具有紧凑、层高要

图 1-7　户外变电站

图 1-8　户内变电站

求不一等特点，易满足周边景观需求，适宜城市居民密集地区，或位于海岸、盐湖、化工厂及其他空气污秽等级较高的地区。

3. 半户内变电站

指除主变压器以外，其余全部配电装置都集中布置在生产综合楼内不同楼层的电气布置方式，见图 1-9。该方式结合了户内变电站节约占地面积、与四周环境协调美

图 1-9 半户内变电站

观、设备运行条件好和户外变电站造价相对较低的优点，适宜在经济发达的小城镇以及需要统筹考虑环境协调性和经济技术指标的区域建设。

09 采用特高压输电对于环境有什么益处？

特高压输电可以实现大规模、远距离、高效率的电力输送要求，采用该技术可以极大地推动清洁能源的集约化开发和高效利用，将我国西南地区的水电、西北和北部地区的风电、太阳能发电等清洁电能大规模、远距离输送至东中部、东南部负荷中心，实现“电从远方来、来的是清洁的电”，减少化石能源消耗以及污染物的排放，具有显著的环境效益。此外，相比于高压、超高压输电，采用特高压输电能够大量节省输电走廊，显著提高单位走廊宽度的输送容量，节约宝贵的土地资源，提高土地资源的整体利用效率。

10 为什么有的变电站要建在城区内?

随着城市建设的不断发展，居民区越来越多，负荷密度越来越大，每户居民的用电量也随着生活水平的提高在不断增加，而一座变电站的供电能力和供电范围又是有限的。因此，为了满足居民的用电需求，保证供电可靠性和供电质量，在城区建设变电站是难以避免的。

第二章

输变电工程的电磁环境

01 什么是电场、磁场和电磁场？

电场是由电压所产生并随着电压的增高而增强。电场强度的单位是伏每米（V/m）或千伏每米（kV/m）。电场可以被电导体材料屏蔽或者削弱，这些材料也可以是不良导体，包括树木、建筑物和人的皮肤。

磁场是由通过电线或电器的电流而产生的，并随着电流强度的增大而增大。磁场的单位是高斯（G）或特斯拉（T）。磁场可以穿透大部分物质，因此很难屏蔽掉。

电磁场是有内在联系、相互依存的电场和磁场的统一体的总称。随时间变化的电场产生磁场，随时间变化的磁场产生电场，两者互为因果，形成电磁场。电磁场可由变速运动的带电粒子引起，也可由强弱变化的电流引起，电磁场以光速向四周传播，形成电磁波。电磁场是电磁作用的媒介，具有能量和动量，是物质存在的一种形式。

电场和磁场可以用它们的波长、频率和振幅（强度）来描述。图 2-1 就展示了一个交变电场或磁场的波形。

场的方向从一个极向变化到了另外一个极向，然后再变化回最初的极向，将这样的一段时间称为一个周期。

频率和波长

频率以赫兹（Hz）为单位
1 Hz=每秒一周期

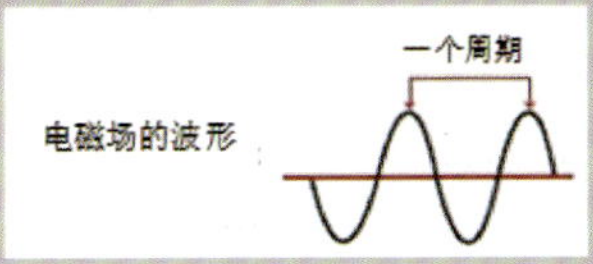

例子

电源	频率	波长
输电线（北美）	60 Hz	5000 km
输电线（欧洲及大部分其他地区）	50 Hz	6000 km

图 2-1　频率和波长

波长用于描述两个相邻且同极向波峰之间的距离。场的频率，单位为赫兹（Hz），用于描述 1s 之内周期出现的次数。我国电力频率为 50Hz。

无论是电场还是磁场，都会随着与发生源距离的增加而迅速衰减。

02 交流输电设施电场和磁场的特点及影响因素是什么？

在电力或动力领域中，通常将50Hz频率称之为“工业频率”（简称工频）。在临近输电线路或电力设施的周围环境中产生工频电场与工频磁场，它们属于低频感应场，其波长达6000km。

输电线路产生工频电场的大小主要取决于输电线路电压等级、线路结构、导线形式、排列方式、对地高度等因素，并且随着离开导线距离增加，工频电场强度降低很快，工频电场很容易被树木、房屋等屏蔽，受到屏蔽后，电场强度明显降低。

工频磁场强度主要取决于输电线路电流的大小、导线的架设高度、与导线之间的距离以及导线的排列方式等。随着离开导线距离的增加，工频磁场强度快速降低，并且与工频电场强度相比，工频磁场强度随距离变远，下降得更快；随着输电线路电流的变化，工频磁场强度也随着变化。

03 直流输电设施电场和磁场的特点及影响因素是什么？

直流输电是指将交流电经整流器变换成直流电，输送至受电端，再用逆变器将直流电变换成交流电，送到受端交流电网的一种输电方式。主要用于远距离、大功率输电和非同步交流系统的联网。±800kV 换流站见图 2-2。

图 2-2　±800kV 换流站示意图

高压直流输电线路线下的合成电场一般高于同一电压等级的交流输电线路下的电场；直流电场方向是不随时间变化的，除了导线电压产生的场强外，与其同一极性的空间电荷也产生场强，两者的矢量和构成总场强，称为合成场强；离子的存在和分布决定了直流输电线电场的复杂性；合成电场与导线表面电场强度及电晕起始场强有关。

04 变电站周围的工频电磁场有多大?

工频电磁场随距离增加而迅速衰减，使得周边居民住宅处的工频电磁场水平趋于当地环境背景值。实测的户外变电站围墙外 1m 的工频电场强度一般在几伏到几百伏每米之间，低于我国规定的限值 4kV/m。实测的户外变电站围墙外 1m 的工频磁场强度小于 10μT，远低于我国规定的限值 100μT。

户内、半户内式变电站大多采用了气体绝缘全封闭组合电器、地下电缆等措施，其产生的工频电场和工频磁场较户外变电站的数值更低，趋近于背景值。

变电站周围的工频电磁场水平远低于国家标准，不会对居民健康产生影响。

05 高压架空输电线路和高压电缆的电磁环境水平如何？

目前采用的送电线路有两种，一种是最常见的架空线路，它一般使用无绝缘的裸导线，通过立于地面的杆塔作为支持物，将导线用绝缘子悬架于杆塔上，见图 2-3（a）；另一种是电力电缆线路，它采用特殊加工制造而成的电缆线，埋设于地下或敷设在电缆隧道中，见图 2-3（b）。

架空线路工频电场强度的大小与线路的电压大小、与距离远近等有关。根据 GB 8702—2014《电磁环境控制限值》，居民区工频电场强度执行 4kV/m 的标准，电网建设工程必须通过环境影响评价，才能施工。

电缆线路深埋于 7 ~ 10m 的地下隧道内，加之隧道的钢筋水泥及地表的覆土，因此在地表面的工频电场非常小，趋于环境背景值。故电缆线路的工频电场强度基本可以忽略不计。

架空线路工频磁感应强度的大小与线路的电流大小、与距离远近等有关。根据 GB 8702—2014《电磁环境控制限值》，居民区工频磁感应强度执行 100μT 的标准。

电缆线路由于隧道钢筋结构的屏蔽，及与地表距离较大的原因，其地表面的工频磁感应强度一般不超过 3μT。随着与电缆隧道水平距离的增加，工频磁感应强度迅速衰减，地表磁场强度趋于环境背景值。

（a）　　　　（b）

图 2-3　送电线路

（a）架空输电线路；（b）电缆隧道内的电力电缆线路

06 输变电设施产生的电场和磁场对环境和人体有影响吗？

按照天线理论，要想成为有效的辐射源，其天线必须具有与波长可比的长度。相对于如此长的“波”而言，输电线路本身的长度远远不足以构成有效的“发射天线”，从而不能形成有效的辐射。在我们生活环境中使用的家用电器，如电视机、吸尘器、冰箱、电热毯、交流电动剃须刀等均产生工频电、磁场。

1. 工频电磁场对人体健康影响

IEEE C95.6—2002 标准指出：①没有足够和可信的证据可供做出以下结论：长期曝露于社会公众和职业环境可遇到的电场和磁场水平对人体健康是有害的，或是会引起包括癌症在内的疾病；②没有确认的机制可作为预示低水平、长期曝露的有害影响的基础。

2. 直流合成电场对人体影响

电场强度本身不能表征电场效应，人或物体直接截获的直流电流是更加重要的。人曝露在直流电场中，在体表会产生感应电荷，由于感应电荷的存在，人体内部的合成电场强度几乎为零，直流电场对人体内部几乎没有影响。

07 我国输变电工程对电磁环境采取的改善和防护措施有哪些？

由上述可知，输电线路周围的工频电场、磁场水平不仅与线路运行电压和电流有关，还和导线参数、架设高度以及塔型结构等密切相关。因此可以通过选择合理的线路架设方式来降低地面地电场、磁场水平，比如提高输电线路对地高度、采用同杆多回架设、逆相序导线排列、调整输电线路走向、对居民区合理进行合理避让。此外，利用电场可被频闭的特性还可通过增设屏蔽线、同杆架设多回不同电压线路以及种植适宜的植物来屏蔽部分工频电场。

08 工频电场和磁场曝露限值是多少?

国际电离辐射防护委员会（ICNIRP）是被世界卫生组织、国际劳工组织、欧盟正式认可的非电离辐射防护的非政府组织。EMF（电场、磁场、电磁场）曝露对健康有害影响的估价和 ICNIRP 限制 EMF 暴露的以健康为基础的导则是建立在科学数据之上并且与既得利益无关。他们并不考虑政治的、社会的和经济的诸因素。《限制时变电场和磁场曝露的导则（1Hz ~ 100kHz）》为 100kHz 及以下频率范围内确定的，用于防止对健康不利影响的“基本限值”物理量为“电流密度”。经过实验室实验确认电流密度为 100mA/m^2 的为健康阈值，为了进一步保护职业和公众的健康，ICNIRP 对职业与公众暴露分别赋予 10 倍与 50 倍安全因子，即取基本限值分别为 10mA/m^2 与 2mA/m^2，来确定电场与磁场暴露的职业与公众暴露“参照水平”。

世界上其他各国或学术组织关于工频电场（50Hz）

和磁场的限值规定见表 2-1。

表 2-1　　　　工频电场和磁场的限值规定

国家及国际组织名称		工频电场 *E* 职业暴露（kV/m）	工频电场 *E* 公众暴露（kV/m）	工频磁场 *B* 职业暴露（μT）	工频磁场 *B* 公众暴露（μT）
国际非电离辐射防护委员会（ICNIRP）		10	5	1000	200
美国	ACGIH	25	—	1200	—
	IEEE	20	5	2710	904
欧盟		6.1	5	200	100
英国		12	12	1600	1600
日本		10	3	500	—
德国		5	5	100	100
澳大利亚		10	5	500	100
中国		10	4	100	100

09 高压电力线下测电笔发微光是否表明有电危险？

低压测电笔是一种低压电工安全指示器，见图 2-4（a）。氖泡式测电笔的起辉电压仅 60V 左右。由于高压电力线下存在高压电场，电场强度以 kV/m 计，当手持测电笔碰触其他导电体时，只要电笔氖泡两端电位差超过起辉电压，电笔氖泡发光是很正常的物理现象，不意味着存在什么不良的健康影响。电力线下可遇到的低频高压电场是一种高内阻的感应场，对人体无害。

低压感应式测电笔内装高灵敏的电子放大器，是仅靠感应就会报警的一种“有电显示器”，不需要剥开低压电线外皮，只要靠近“火线”，就会显示“里面有电”，可帮助电工迅速寻找“布线断电”，见图 2-4（b）。手持“感应式电笔”到高压电力线路下方，由于头顶上远处有高压电线，空间存在“感应电场”。这种基于感应原理的低压电笔有显示，它只是告诉你附近有高压电。在感应场中这种电笔上显示的电压值没有任何意义。

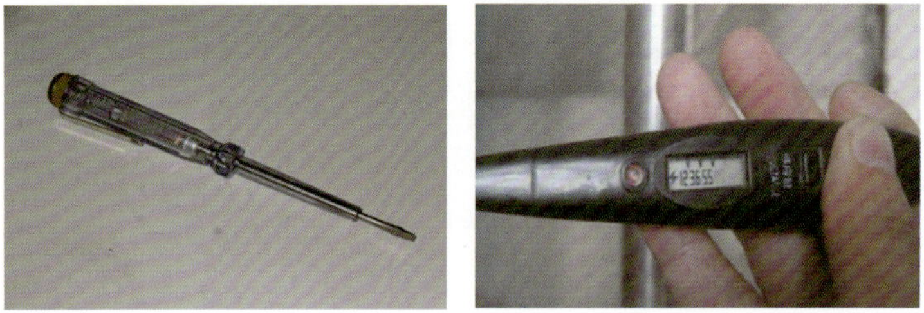

（a）　　　　　　　　　　（b）

图 2-4　测电笔
（a）低压测电笔；（b）低压感应式测电笔

10　高压线“嗞嗞嗞”，是在放电吗？

高压线在进行输电时，导线周围会形成较强的电场，使空气发生电离而形成电晕放电。当你在高压线旁边听到“嗞嗞嗞”的声音时，别怀疑，它就是在放电。而且，电压等级越高，电晕越强，噪声越大。夜间或者雨雾天气，在220kV、500kV的高压输电线路附近，还可能观察到淡淡的蓝紫色光晕。可是有时候走在城里，并没有觉得电线有“嗞嗞”声呀？这是由于城区里面的 10kV、35kV 的配电线路多采用绝缘导线，不会产生空气电离，而且电压等级低，电晕强度弱，“嗞嗞”声很容易就被周围的喇叭声、噪声覆盖掉。

国家对高压线缆的架设有详尽规定，高压线缆周围都有安全距离。DL/T 5092—1999《110kV ~ 500kV 架空送电线路设计技术规程》则对国内高压线路架设的实际距离做出限值要求，架空线路的距离限值与安全距离相比还有很大余量，所以这种放电现象对附近活动的人员不会产生有害影响，其产生的噪声也满足国家标准。

11 在变电站或高压架空输电线路附近行走或正常生活会导致触电吗？为什么有时会有皮肤发麻或刺痛的感觉？

在变电站或高压架空输电线路附近走路或正常生活不会触电。但如果有下列行为就可能发生触电：

1）向高压架空输电线路或变电站设施抛掷物体；

2）在高压架空输电线路两侧附近区域内放风筝、钓鱼；

3）擅自攀爬高压架空输电线路杆塔；

4）拆卸高压架空线路杆塔上的永久性标志或标志牌；

5）其他危害高压架空输电线路或变电站设施的行为。

输电线路在正常工作电压下，会在周围导体或人体表面感应出电荷。当人接触到电场中接地的导电体时，因静电感应积聚在人体表面上的电荷会向其释放，从而就会有微小的电流流过人体，使人体感觉到所谓的“麻电”。这种现象与冬季脱毛衣时因静电放电产生的刺痛感并没有本质区别，且只有在高压输电线路下方电场强度较高的局部地方才能感受到，不会对人体健康带来影响。

第三章

输变电工程的噪声

01 什么是噪声？输变电工程噪声主要来源有哪些？

从环境保护的角度来说，凡是影响人们正常工作、学习和休息的声音，即人们不需要的、使人烦躁的声音，称为噪声。噪声具有受主观心理性和生理性影响、在空气中衰减快、在环境中无污染物残留、存在慢性和间接危害等特点。

输变电工程噪声主要包括两部分：变电站（换流站）噪声、架空输电线路噪声。变电站（换流站）噪声声源主要包括变压器、电抗器、通风散热系统和高压进出线等。变压器和电抗器等设备噪声、通风散热系统噪声、高压进出线电晕噪声等共同叠加而影响变电站站界噪声水平。

02 输变电工程噪声监测采用标准有哪些?

输变电工程噪声监测采用下列标准:

1）DL/T 1327—2014《高压交流变电站可听噪声测量方法》

2）DL/T 501—2017《高压架空输电线路可听噪声测量方法》

3）GB 12348—2008《工业企业厂界环境噪声排放标准》

4）GB/T 1094.10—2003《电力变压器　第 10 部分：声级测定》

5）GB/T 3222.1—2006《声学　环境噪声的描述、测量与评价　第 1 部分：基本参量与评价方法》

03 变电站（换流站）内变压器噪声是怎么产生的？变压器噪声具有什么特性？

变压器噪声来源于变压器本体和冷却系统两个方面。本体振动是变压器本体噪声（电磁噪声）产生的根源，主要表现为：①硅钢片的磁致伸缩引起的铁心振动；②硅钢片接缝处和叠片之间存在着因漏磁而产生的电磁吸引力引起铁心的振动；③当绕组中有负载电流通过时，负载电流产生的漏磁通在绕组导体间产生电磁力引起绕组的振动；④负载电流产生的漏磁通引起油箱壁（包括磁屏蔽等）的振动。其中，硅钢片发生磁致伸缩引起铁心周期性振动并引起变压器外壳产生振动是变压器本体噪声的主要来源。变压器冷却系统噪声主要来自油泵和冷却风扇等冷却装置运行时振动而产生的机械噪声和空气动力性噪声。同时，变压器本体振动可以通过绝缘油、管接头及其装配零件传递给冷却系统，加剧冷却系统振动，导致冷却系统噪声加大。

变压器噪声特性体现在：①变压器声功率级随系统电压等级的升高而增大；②变压器本体噪声呈现低频特性，频率为 100Hz 基频及其整数倍；冷却系统噪声频带较宽，呈现中高频特性，频率为 500～4000Hz，频谱为两者叠加；③声压级随离开变压器距离的增加而衰减；随着距离的增加，低频率段比高频率段的噪声衰减效应大；④变压器本体低频噪声具有穿透能力强的特点，冷却系统噪声具有季节性特点。

04 变电站（换流站）站界噪声是怎么产生的？站界噪声具有什么特性？

变电站（换流站）站界噪声主要来源于变压器与电抗器等设备噪声、通风散热系统噪声、高压进出线电晕噪声等多种噪声在站界处衰减和叠加而形成的噪声。由于变压器、电抗器和通风散热系统等设备距站界的距离不同，以及其他多方面声传播衰减效应不同，变电站（换流站）站界不同位置处的噪声水平相差较大。

变电站（换流站）站界噪声特性体现在：①站界不同位置处，噪声频率或以低频为主，或以中高频为主，或是低频和中高频的叠加；②噪声水平横向分布，声压级随离开站界距离的增加而衰减；③受环境本底噪声的影响，站界噪声衰减到一定程度时不再有明显衰减。

05 架空输电线路噪声是怎么产生的？架空输电线路噪声具有什么特性？

架空输电线路噪声主要为电晕可听噪声，是导线周围空气电离放电时所产生的人耳能够直接听得见的噪声，是一种声频干扰。当导线表面电场强度达到空气的起晕场强时，引起导线附近空气电离，发生电晕放电现象；电晕放电产生的带电粒子与空气分子之间的相互作用，引起空气分子振动，进而产生输电线路的可听噪声。

交流输电线路电晕可听噪声有两个特征分量：①由正极性流注放电产生的宽频带噪声（破裂声、吱吱声或嘶嘶声），是交流输电线路噪声的主要成分；②由于电压周期性变化，导致导线带电离子形成往返运动的现象，进而产生频率是50Hz倍频的纯音（哼声和嗡嗡声）。

直流输电线路电晕可听噪声主要来源于正极性脉冲流注放电，噪声具有脉冲特性；随机发生的流注放电发出不连续的"噼啪"声，以较高声压的声波形式传播，噪声中不含有纯音。同时，输电线路电晕可听噪声在传播过程中，经距离衰减、空气吸收、树木吸收和地面效应等引起噪声水平衰减，噪声强度降低。

06 架空输电线路噪声的影响因素有哪些？

输电线路电晕可听噪声主要影响因素有：①线路运行电压；②导线参数，包括导线分裂数、导线直径、导线分裂间距、导线截面和导线老化程度等；③线路结构参数，包括有导线架线形式、相导线对地高度和相导线之间距离等；④环境因素，包括有温度、湿度、风速、导线表面状况、导线附近质点以及导线上水滴情况等；⑤地理位置因素，包括有气压、海拔高度和空气密度等。

输电线路电晕可听噪声受环境因素的影响较大。对交流输电线路而言，在晴朗的天气，交流输电线路电晕可听噪声较小；在潮湿的雨天或雾天，线路导线上的小水滴产生大量沿导线随机分布的电晕放电点，导致输电线路导线电晕可听噪声明显比晴天时大，但是，在雨天天气，环境背景噪声也较大。对直流输电线路而言，在雨天天气，线路导线的起晕场强比晴天时低，线路导线周围的离子比晴天时多；下雨初期，线路导线表面离子浓度不大，电晕放电比晴天时稍强；下雨一段时间后，线路导线起晕场强进一步降低，线路导线表面离子增加，导致线路导线不规则的面都被较浓的电荷所包围，减小了电晕放电强度，线路电晕可听噪声比晴天时减小。

07 输变电工程执行的噪声标准有哪些？

输变电工程执行的噪声标准主要包括 GB 3096—2008《声环境质量标准》、GB 12348—2008《工业企业厂界环境噪声排放标准》、GB 12523—2011《建筑施工场界环境噪声排放标准》。其中，变电站（换流站）及输电线路周围、声环境敏感建筑物噪声执行 GB 3096—2008《声环境质量标准》，标准限值见表 4-1；输变电工程运行期变电站（换流站）站界环境噪声排放执行《工业企业厂界环境噪声排放标准》，排放限值见表 4-2 和表 4-3；输变电工程建设期建筑施工噪声排放执行《建筑施工场界环境噪声排放标准》，排放限值见表 4-4；输电线路的设计及运行执行以下标准：GB 50545—2010《110kV ~ 750kV 架空输电线路设计规范》规定，海拔不超过 1000m 时，距输电线路边相导线投影外 20m 处，湿导线条件下的可听噪声限值为标称电压 110 ~ 750kV，噪声限值 55dB（A）；DL/T 1187—2012《1000kV 架空输电线路电磁环境控制值》规定，1000kV 交流特高压线路距边相导线投影外 20m 处，可听噪声 50% 统计值不超过 55dB（A）；DL/T 1088—2008《±800kV 特高压直流线路电磁环境参数限值》规定，±800kV 直流特高压线路正极线地面投影 20m 处，晴天时电晕产生的可听噪声 50% 值不超过 45dB（A）。

根据区域的使用功能特点和环境质量要求，声环境功能区分为五种类型。①0 类声环境功能区：指康复疗养区等特别需要安静的区域；②1 类声环境功能区：指以居民住宅、医疗卫生、文化教育、科研设计、行政办公为主要功能，需要保持安静的区域；③2 类声环境功能区：指以商业金融、集市贸易为主要功能，或者居住、商业、工业混杂，需要维护住宅安静的区域；④3 类声环境功能区：指以工业生产、仓储物流为主要功能，需要防止工业噪声对周围环境产生严重影响的区域；⑤4 类声环境功能区：指交通干线两侧一定距离之内，需要防止交通噪声对周围环境产生严重影响的区域，包括 4a 类和 4b 类两种类型。4a 类为高速公路、一级公路、二级公路、城市快速路、城市主干路、城市次干路、城市轨道交通（地面段）、内河航道两侧区域；4b 类为铁路干线两侧区域。

表 4–1　　环境噪声限值

单位：dB（A）

声环境功能区类别		时段	
		昼间	夜间
0 类		50	40
1 类		55	45
2 类		60	50
3 类		65	55
4 类	4a 类	70	55
	4b 类	70	60

表 4–2　　工业企业厂界环境噪声排放限值

单位：dB（A）

厂界外声环境功能区类别	时段	
	昼间	夜间
0 类	50	40
1 类	55	45
2 类	60	50
3 类	65	55
4 类	70	55

表 4–3　结构传播固定设备室内噪声排放限值（等效声级）

单位：dB（A）

<table>
<tr><th rowspan="4">噪声敏感建筑物所处声环境功能区类别</th><th colspan="4">房间类型</th></tr>
<tr><th colspan="2">A 类房间</th><th colspan="2">B 类房间</th></tr>
<tr><th colspan="2">时段</th><th colspan="2">时段</th></tr>
<tr><th>昼间</th><th>夜间</th><th>昼间</th><th>夜间</th></tr>
<tr><td>0 类</td><td>40</td><td>30</td><td>40</td><td>30</td></tr>
<tr><td>1 类</td><td>40</td><td>30</td><td>45</td><td>35</td></tr>
<tr><td>2 类、3 类、4 类</td><td>45</td><td>35</td><td>50</td><td>40</td></tr>
</table>

注　A 类房间指以睡眠为主要目的，需要保证夜间安静的房间，包括住宅卧室、医院病房、宾馆客房等。

B 类房间指主要在昼间使用，需要保证思考与精神集中、正常讲话不被干扰的房间，包括学校教室、会议室、办公室、住宅中卧室以外的其他房间等。

表 4–4　　　　建筑施工场界环境噪声排放限值

单位：dB（A）

昼间	夜间
70	55

08 变电站（换流站）噪声优化控制措施有哪些？

变电站（换流站）噪声优化控制贯穿于变电站（换流站）规划设计与运行阶段，基于技术经济的因素，从站址选择、平面布置与布局优化、设备选用和降噪措施运用等方面进行。

1. 变电站（换流站）站址选择

变电站（换流站）站址选择，需要综合考虑自然因素、社会因素、经济因素和技术因素等各个方面。如果存在有多个可供选择的站址，尽量考虑布局在声环境质量要求较低的区域，避开居民住宅区、医院和学校等声环境敏感区，避免变电站（换流站）噪声对居民生活与工作的影响。

2. 变电站（换流站）平面布置与布局优化

变电站（换流站）平面布置与布局优化是噪声优化控制的最经济措施。基于变电站（换流站）主要设备噪声水平和站界噪声衰减预测以及声环境敏感区域的位置，对变电站（换流站）设备布置、建筑结构和总体布局进行优化调整，以减小变电站（换流站）噪声对站界环境的影响：①将变压器和电抗器等主要噪声源设备布置在站址中央区域或远离站界声环境敏感目标区域；②利用建筑物的屏蔽作用，将控制楼等高大建筑物布置在主要噪声源设备与站界声环境敏感区域之间；③将风机等通风散热系统布置在远离声环境敏感区域一侧或变电站（换流站）楼顶；④如果变电站（换流站）不同方位执行的声环境功能区类别不同，将主要噪声源设备布置在对声环境要求较低的区域。

3. 变电站（换流站）设备选用

合理的选择变电站（换流站）设备能够直接控制噪声源，是噪声优化控制的根本性措施。基于变电站（换流站）设备与建筑布局以及声环境功能区要求，通过噪声衰减预测手段，确定设备噪声水平的控制范围。在技术和经济因素允许条件下，尽量选用低噪声水平设备；同时，采用自然通风方式以减少通风风机数量，必要时选用自冷式设备；通风散热设备（如，风机）的控制方式优先考虑温控启停的方式。此外，在变压器和电抗器的设计及制造过程中，选择优质晶粒取向的冷轧硅钢片材料，采用斜接缝叠装式铁心结构，并在铁心制造工艺上保持铁心片平整以及适当的铁心夹紧。

4. 变电站（换流站）降噪措施

变电站（换流站）降噪措施主要是控制噪声传播途径，以减小噪声对站界环境的影响。噪声传播途径控制主要是采取隔声、吸声、消声和隔振技术，实现噪声强度在传播过程中得到衰减，满足站界环境噪声限值。

（1）隔声技术。

隔声技术是通过材料、构件或结构等隔绝空气传播噪声的途径，实现噪声强度的降低。基于设备散热和设备安全的综合考虑，在变压器、电抗器和通风散热系统等主要噪声源设备的噪声传播途径上设置隔声装置（如声屏障和隔声罩等），降低站界环境噪声水平。进一步，根据噪声衰减预测分析，确定合适的隔声装置设计和隔声装置安装位置。

声屏障是一种专门设计的立于噪声源和受声点之间的声学障板，通常是针对某一特定声源和特定保护位置（区域）设计的。变电站（换流站）声屏障一般采用砖混结构或钢板结构，可单独设置在噪声源附近或结合站界围墙设置。声屏障的插入损失（降噪量）取决于声波在声屏障上的透射、绕射和反射情况，与声源噪声频率、声屏障高度及声源与接收点间的距离等因素有关，一般可以达到5～15dB（A）。

隔声罩是用来阻隔设备向外辐射噪声的罩体，具有较好的隔音效果，可以和设备外壳结合在一起或独立设置。同时，变电站（换流站）噪声源运行产生热量，隔声罩需要设置具有消声效果的通风散热装置。隔声罩的隔声量取决于隔声材料和通风散热装置的组合效果，一般可以达到15～25dB（A）。

（2）隔振技术。

隔振技术是利用弹性支撑来减弱因设备本身扰力作用

引起的设备支撑结构或地基的振动，实现噪声强度的降低。在变压器和电抗器的器身与箱底之间加装缓冲隔振装置，减少铁心的振动向其他器件的传递；对变压器和电抗器等主要噪声源设备进行隔振后，能够降低设备运行产生的振动和固体噪声，减弱设备噪声对站界环境的影响。隔振装置能够抑制低频振动噪声，降噪量一般约为1～5dB（A）。

（3）消声技术。

消声技术是基于声能转换或声能转移等原理，利用具有吸声内衬或特殊结构形式的气流管道，实现噪声强度的降低。在风机等通风散热系统的通风管路上安装消声装置（消声器），抑制空气动力性噪声水平，减弱噪声对站界环境的影响。根据噪声衰减预测分析，确定合理的消声装置降噪量，一般消声装置降噪量可达到大于10dB（A）。

（4）吸声技术。

吸声技术是利用声波通过媒质或入射到媒质分界面上时声能的减少，实现噪声强度的降低。在变压器、电抗器和通风散热系统等主要噪声源设备的噪声传播途径上铺设吸声材料，增大设备噪声的衰减量，减弱设备噪声对站界环境的影响。隔声罩内附加吸声材料，使其成为具有多种降噪功能的综合体。根据噪声衰减预测分析，确定合适的吸声材料以及铺设位置和铺设面积，一般吸声装置降噪量可到达 3 ~ 8dB（A）。

5. 变电站（换流站）降噪新技术

变电站（换流站）降噪新技术不仅可以达到较高的降噪量，而且利于设计与控制，已经得到广泛的研究与应用，主要包括声调控法、有源消声法和视觉调整技术。声调控法指改变噪声的频谱结构（如叠加风声、水流声等），改善噪声对人体的主观影响；有源消声法是通过在噪声源周围设置多个噪声发生器，噪声发生器发出的声音与噪声源发出的声音相互抵消，使噪声强度得到一定的抑制或衰减；视觉调整技术是通过一定的方式（如噪声源不可见、增加绿化等），从视觉上改善人体对噪声主观烦恼度。

09 架空输电线路噪声优化控制措施有哪些?

架空输电线路噪声优化控制主要是从声源控制和传播途径衰减两方面来降低电晕可听噪声。

在声源控制方面，可采取一系列方式降低输电线路导线的表面场强，从而减小导线周边空气电晕范围，降低线路电晕可听噪声。具体控制方式表现为：①适当增加输电线路导线的分裂数和增大分裂导线间的间距，从而有效地增大输电线路导线的等效直径及降低导线曲率半径，进而有效地降低输电线路周边合成场强和电晕强度，控制线路电晕可听噪声声级；②采用子导线非对称分裂方式，可使每相子导线分配的电荷均匀，降低线路导线表面电场，从而减小电晕可听噪声水平；③在输电线路导线束中增加子导线，减小导线表面的平均电荷密度，从而降低线路表面电场强度和电晕强度，减小电晕可听噪声水平；④改变导线结构，采用外层梯形或Z形结构导线，降低表面毛刺密度，保持导线表面平滑度，从而有效地降低尖端电晕放电效应，降低线路电晕损耗和电晕可听噪声水平；⑤在导线上进行兼顾导线散热和老化寿命的亲水涂料涂覆处理，提升输电线路表面的亲水性，使导线在大雾、毛毛雨和雨停后附着在导线表面上的水滴吸收到线股之间均匀分布而不易形成水滴，减小水滴沿导线随机分布的电晕源点，降低输电线路表面水滴分布密度，从而减小线路导线电晕放电，降低电晕可听噪声水平。

在传播途径衰减方面，控制措施表现为：①提升输电线路杆塔高度，增大架空输电线路与噪声受体的距离，从而增大线路电晕可听噪声在空气中的传播衰减；②在噪声影响重点保护受体处配置吸声与隔声材料，强化线路电晕可听噪声的衰减和耗散。

第四章

电网建设项目水土保持

01 什么是水土流失?

地球上人类赖以生存的基本条件就是空气、土壤和水分。在山区、丘陵区和风沙区等，由于不利的自然因素和人类不合理的经济活动，造成地面的水和土离开原来的位置，流失到较低的地方，再经过坡面、沟壑，汇集到江河河道内去，这种现象称为水土流失。根据产生的“动力”不同，水土流失可分为水力侵蚀、重力侵蚀和风力侵蚀三种类型。

02 水土流失是怎么形成的?

水土流失是不利的自然条件与人类不合理的经济活动互相交织作用产生的。不利的自然条件主要是：地面坡度陡峭，土体的性质松软易蚀，高强度暴雨，地面没有林草等植被覆盖；人类不合理的经济活动诸如：毁林毁草，陡坡开荒，草原上过度放牧，开矿、修路等生产建设破坏地表植被后不及时恢复，随意倾倒废土弃石等。

03 水土流失有什么危害？

水土流失会破坏地面完整，造成耕地减少、土地退化、土壤肥力衰退，严重影响农业生产，威胁粮食安全；水土流失会导致江河湖库淤积，加剧洪涝灾害，恶化生存环境，影响交通运输，危害当地村民的生产生活，成为制约山丘区和风沙区经济社会发展的重要因素，对防洪安全构成巨大威胁，严重影响水资源的开发利用；水土流失会削弱生态系统的调节功能，加重旱灾损失和面源污染，对生态安全和饮水安全构成严重威胁。

04 什么是水土保持？

水土保持，是指对自然因素和人为活动造成水土流失所采取的预防和治理措施——《中华人民共和国水土保持法》(中华人民共和国主席令　第 39 号)。

05 生产建设项目水土保持有哪些法律法规？

1)《中华人民共和国水土保持法》(中华人民共和国主席令第 39 号)

2)《水利部生产建设项目水土保持方案技术评审细则(试行)》(〔2018〕47 号)

3)《水利部办公厅关于印发生产建设项目水土保持技术文件编写和印制格式规定（试行）的通知》(办水保〔2018〕135 号)

4）《水利部生产建设项目水土保持方案变更管理规定（试行）》（办水保〔2016〕65号）

5）《水利部关于加强事中事后监管规范生产建设项目水土保持设施自主验收的通知》（水保〔2017〕365号）

6）《水利部办公厅关于印发生产建设项目水土保持设施自主验收规程（试行）的通知》（办水保〔2018〕133号）

7）《水利部关于进一步深化“放管服”改革　全面加强水土保持监管的意见》（水保〔2019〕160号）

06 什么是电网建设项目水土保持？

电网建设项目水土保持是指在电网建设项目可行性研究、设计、施工等阶段，为预防和治理水土流失所开展的工作，包括编报水土保持方案、落实水土保持措施、水土保持监测、进行水土保持设施验收以及相关的管理工作。

07 电网建设过程中是如何做好水土保持工作的？

为预防和治理水土流失，在电网项目建设过程中严格执行国家相关规定，对所有涉及水土保持的建设项目依法开展水土保持监测，严格按照规范要求编制水土保持方案并组织内审。方案编制完成后，报有审批权的水行政主管部门审批，在开工前取得水保方案批复。

水土保持方案批准后，建设项目地点、规模发生重大变化的，依法补充及修改水土保持方案并报原审批机关批准。水土保持方案实施过程中，水土保持措施需要做出重大变更的，须依法经原审批机关批准。

根据批准的水保方案，与主体工程同步开展水土保持初步设计和施工图设计。开工后严格遵守水保方案与设计要求进行施工。最后依法执行水土保持设施验收程序，包括提交验收申请、开展技术审评、组织现场检查、提交审评意见、召开验收会、依法公开和报备、印发验收鉴定书。

1. 电网建设项目可行性研究阶段水土保持控制措施

1）对变电站选址、输变线路选线、总体布置、施工组织、施工工艺等比选方案进行水土保持分析论证，对主体工程提出优化设计要求和推荐意见。

2）分析土石方平衡，提出土方来源、弃渣处理去向，并通过项目区及周边现场勘察提出优化方案，加强弃渣的综合利用。

3）确定水土流失防治责任范围、水土流失防治分区及防治目标等。

4）分析工程建设过程中可能引起水土流失的环节、因素，定量预测水力侵蚀、风力侵蚀量及分布，定性分析开发建设所造成的水土流失危害类型及程度，尤其是遇不可抗力可能带来的水土流失灾害的分析。

5）基本确定水土流失防治措施总体布局，对主要防治工程的类型、布置进行比选，进而确定合理的防治方案。按防治工程分类进行典型设计并明确工程设计标准，并估算工程量。

2. 电网建设项目设计阶段的水土保持控制措施

1）优化施工图，对于工程沿线所经地区的自然保护区、森林公园、旅游风景区、集镇、工业区等环保敏感点采取避让原则。

2）跨越通航江河时，不在水中立塔，避免线路对航运和河道泄洪能力产生影响，并按相应的最高通航水位及最大空载船舶高度设计足够的安全净空，以利于航运安全。

3）线路采取高低腿铁塔、改良型基础、紧凑型设计，尽量少占土地、减少土石方开挖量及水土流失等。

4）在经济合理的前提下，尽量避开高山大岭；避开林木覆盖区，在路径选择时，尽可能避开果园、经济作物田地；避开陡坡和不良地质段。对不能避开的林区，在铁塔设计中尽可能减少线路走廊的宽度，所有铁塔在跨林区时采用高塔跨越林区的方式，最大程度减少林木的砍伐。

3. 电网建设项目施工阶段的水土保持控制措施

1）强化全员培训，认真执行技术措施，单独编制有针对性的环境保护与水土保持措施，组织开展环境保护、水土保持的相关法律、法规知识学习培训，做到教育培训全覆盖，技术措施交底到现场，提高现场施工人员环保、水保自觉意识和防范意识。

2）落实高跨设计原则，减少树木砍伐。采用全方位高低腿设计，减少土石方开挖量。

3）尽量选择临时占地面积少的施工方法，减少对地表的破坏。现场临锚坑及时回填，恢复植被。

4）山区施工尽量选用原有的小道作为小运道路或架设运输索道，以减少对植被的破坏。

5）现场按要求设置护坡、挡土墙、排水沟、截水沟等水保措施。

6）施工过程中保护场地四周原有地下水形态，减少抽取地下水。

7）土方开挖设置临时堆土场，生土和熟土分开集中堆放，并按设计要求做好余土外运及清理工作。严禁随意弃土，并采取有效措施防止水土流失，在可能导致水土流失的地方施工时，按照“先防护后施工”的原则进行。

8）施工撤场前做到工完料尽场地清，不发生环境二次污染。施工完毕后应及时对施工区域、材料场、进场道路等区域进行植被恢复、土地复垦、土地平整等。

08 电网建设项目中的坡地塔基（牵张场）采用的水土保持措施有哪些？

1. 施工前水土保持措施

表土剥离，在场地平整和塔基开挖之前，首先对施工区表土进行全面剥离、集中堆放和临时保护，以备施工后期使用；周边保护，在施工场地平整、塔基开挖和修建道路前，在施工区周边和临坡侧采取拦挡、围护或地表施工保护等措施，先拦后弃，先围后挖，先护后扰，杜绝施工时顺坡溜土，保护周边及下游坡面和植被。

2. 施工中水土保持措施

在堆土区、开挖区（边坡）、松散裸露扰动地表处修建临时拦挡（围栏），临时排水（护衬）和临时苫盖等措施，防止施工过程中填土顺坡溜渣、施工场地径流冲刷、堆土和扰动地表风蚀扬尘等。

3. 施工后水土保持措施

截排水，上游有径流和洪水汇入塔基施工扰动区时，修建永久截排水沟，防止施工区水土流失以及保护塔基安全；边坡防护，在坡顶修建挡水梗或截排水沟控制径流，坡面采取灌草护坡、浆砌石护坡等；整地，对扰动和压实的施工区进行清理、平整、松土、表土回填或覆土（客土），采取各种蓄水保土措施，提高林木成活率，解决塔基水蚀问题；种植灌草，根据条件在塔基及扰动区种植灌木或播撒草籽等，恢复植被。

09 电网建设项目中对于废土废渣是如何处理的？

在弃渣前，选择合理的弃渣地址，先批后弃；提前采取表土剥离、陡坡面拦挡保护、布设盲沟等保护措施。

在弃渣过程中，分级堆放、分层碾压，并修建挡渣墙，设置临时拦挡、临时排水、临时苫盖等保护措施。

弃渣后，削坡开级、渣面清理平整；表土回覆利用、客土造地、造林整地；修建截排水系统、边坡防护等措施。

第五章 电网固体废物管理

01 什么是固体废物?

在生产、生活和其他活动过程中产生的丧失原有的利用价值或者虽未丧失利用价值但被抛弃或者放弃的固态、半固态和置于容器中的气态物品、物质，以及法律、行政法规规定纳入废物管理的物品、物质。

02 我国固体废物污染防治有哪些法律规范?

1）《中华人民共和国固体废物污染环境防治法》（2020年4月29日修订版）

2）《危险废物转移联单管理办法》（国家环境保护总局令 第5号）

3）GB 18597—2001《危险废物贮存污染控制标准》

4）HJ 2025—2012《危险废物收集、贮存、运输技术规范》

5）HJ 519—2009《废铅酸蓄电池处理污染控制技术规范》

6）HJ 607—2011《废矿物油回收利用污染物控制技术规范》

03 电力生产运行过程中产生的固体废物有哪些？

电力生产运行过程中产生的固体废物主要包括废矿物油、废铅酸蓄电池、废绝缘子、废瓷瓶、废电缆盖板、废非金属表箱和废水泥电杆等。

04 电网企业是如何处置废矿物油的？

大体流程包括废矿物油的收集、贮存、转移运输和无害化处置。

1）收集：运维检修及退役报废过程中，使用具有防腐功能的容器收集废矿物油，且不同型号废矿物油分类收集。盛装废矿物油时，容器预留容积不少于总容积的5%，密封存放，并设置呼吸孔，防止膨胀。

2）贮存：废矿物油暂存仓库严格参照 GB 18597—2001《危险废物贮存污染控制标准》、HJ 2025—2012《危险废物收集、贮存、运输技术规范》、HJ 607—2011《废矿物油回收利用污染控制技术规范》等规定执行。废矿物油暂存仓库应相对独立，符合消防安全要求，地面应作防渗处理，采取收集和导流措施防止泄漏，并设立明显的警示标识。

3）转移运输：废矿物油转移运输委托有相应运输资质的单位，并按照《危险废物转移联单管理办法》《道路危险货物运输管理规定》《铁路危险货物运输管理规则》《水路危险货物运输规则》等规定执行。转移完成后，应按规定及时将联单存档、转交。

4）环境无害化处置：委托有危险废物综合经营许可证（经营范围 HW08）的单位进行处置。

05 电网企业是如何处置废旧铅酸电池的？

大体流程包括废旧铅酸电池的收集、贮存、转移运输和无害化处置。

1）收集：运维检修及退役报废过程中，在废铅酸蓄电池拆除前进行外观检视，将破损或漏液电池的电解液从电池中倒出，单独收集管理，防止对环境造成二次污染。

2）贮存：废铅酸蓄电池暂存仓库严格参照 GB 18597—2001《危险废物贮存污染控制标准》、HJ 2025—2012《危险废物收集、贮存、运输技术规范》、HJ 519—2009《废铅酸蓄电池处理污染控制技术规范》等规定执行。废铅酸蓄电池暂存仓库相对独立，宽敞、干燥、通风，设置废液收集装置，符合消防安全要求，并设立明显的警示标识。废铅酸蓄电池放在专门的电池架或者与地面有一定距离的具有绝缘功能的承重板上，并保持一定的通风散热间距。

3）转移运输：废铅酸蓄电池转移运输委托有相应运输资质的单位，并按照《危险废物转移联单管理办法》《道路危险货物运输管理规定》《铁路危险货物运输管理规则》《水路危险货物运输规则》等规定执行。转移完成后，应按规定及时将联单存档、转交。

4）环境无害化处置：委托持有危险废物综合经营许可证（经营范围 HW31 或 HW49）的铅酸蓄电池生产企业或铅再生企业等相关单位进行环境无害化处置。

06 电网企业是如何处置废绝缘子等一般废弃物的？

运维检修及退役报废过程中，整体就地拆除废绝缘子等一般废弃物，统一收集运至指定废旧物资仓库，统一管理、分类暂存，并委托有固体废物处置乙级及以上资质的单位进行环境无害化处置。

07 电网企业对固体废物的日常监管有哪些具体措施？

为确保环境安全，电网企业对固体废物日常管理采取以下措施：

1）完善危险废物暂存地硬件设施，规范暂存要求，确保储存条件环保、安全、依法合规。

2）建立变压器油库定期巡检制度，确保缺陷设施及时维修更换，防止变压器油受潮变质和“跑、冒、滴、漏”。

3）健全废旧蓄电池、变压器油等危废物的管理台账，严格执行出入库台账登记制度，真实记录危废物产生时间、地点、设备来源、贮存情况等详细信息。

4）规范执行国家危险废物转运相关制度，向所属环保局申请危险废物省内转运，执行危险废物转运联单制度，并在运出地环保局备案。

第六章

其　他

01 高压架空输电线路和变电站会给附近的房屋引来雷击吗？

高压架空输电线路和变电站不会给附近的房屋引来雷击。因为输电线路和变电站在设计时都有严格的防雷要求，整条输电线路上方设有避雷线，变电站周围设有避雷针，不仅能够有效地防止雷击，还可以为附近的房屋提供一定的防雷保护作用。

02 在输电线路附近活动的人，为避免感应电现象，应注意哪些事项？

1）在输电线路下活动的人，接触对地绝缘的晾衣铁丝、金属农具、电器等金属物，会感到“麻电”。消除这种麻电现象，只要将金属导线两端（或隔一定距离）接地，使金属导线与地等电位即可。

2）手拿雨伞、肩扛棍棒或长柄农具的人，应尽量避免在输电线路下行走。尤其在阴雨天气，人体的绝缘性能会因湿度大而变差，在雨伞等物体上的感应电荷会经人体流入大地，人就会有麻电感。必须通过时，切不可把雨伞、棍棒举得过高，以免产生麻电感。

3）避免接触未良好接地的、与输电线路平行走向的大型金属物体（如未良好接地的金属长围栏、未接地的蔬菜大棚金属骨架、两端断开的低压配电线路等），或将其接地可以有效避免“麻电”现象。

03 高压架空输电线路跨越民房时有哪些规定？

依据 GB 50545—2010《110kV ~ 750kV 架空输电线路设计规范》、GB 50665—2011《1000kV 架空输电线路设计规范》、GB 50790—2013《 ± 800kV 直流架空输电线路设计规范》的要求：导线与建筑物之间的距离符合以下规定：

在最大计算弧垂情况下，导线与建筑物之间的最小垂直距离，应符合表 6-1 的规定。

表 6–1 导线与建筑物之间的最小垂直距离（在最大计算弧垂情况下）

标称电压（kV）	110	220	330	500	750	1000	± 800
垂直距离（m）	5.0	6.0	7.0	9.0	11.5	15.5	16.0

在最大计算风偏情况下，边导线与建筑物之间的最小净空距离，应符合表 6–2 的规定。

表 6–2 边导线与建筑物之间的最小净空距离（在最大计算风偏情况下）

标称电压（kV）	110	220	330	500	750	1000	± 800
垂直距离（m）	4.0	5.0	6.0	8.5	11.0	15.0	15.5

在无风情况下，边导线与建筑物之间的水平距离，应符合表 6–3 的规定。

表 6–3　边导线与建筑物之间的水平距离（在无风情况下）

标称电压（kV）	110	220	330	500	750	1000	± 800
垂直距离（m）	2.0	2.5	3.0	5.0	6.0	7.0	7.0

设计时，输电线路不应跨越屋顶为可燃材料的建筑物。对耐火屋顶的建筑物，如需跨越时应与有关方面协商同意。500kV 及以上输电线路不应跨越长期住人的建筑物。

04 什么是高压架空输电线路保护区？是如何规定的？

架空输电线路保护区，是为了保证已建架空电力线路的安全运行和保障人民生活的正常供电而必须设置的安全区域。这一区域由国家强制划定，任何单位或个人在架空输电线路保护区内，必须遵守“不得兴建建筑物、构筑物”等规定，实际上是为了保护架空输电线路这一公用设施的安全，对该区域内的行为做出了限制。根据《电力设施保护条例》，架空电力线路保护区是导线边线向外侧水平延伸并垂直于地面所形成的两平行面内的区域，在一般地区，各级电压导线的边线延伸距离见表 6–4。

表 6–4　一般地区各级电压导线的边线延伸距离

电压等级（kV）	导线的边线延伸距离（m）
1 ~ 10	5
35 ~ 110	10
154 ~ 330	15
500	20

在厂矿、城镇等人口密集地区，架空输电线路保护区的区域可略小于上述规定。但各级电压导线边线延伸的距离，不应小于导线边线在最大计算弧垂及最大计算风偏后的水平距离和风偏后距建筑物的安全距离之和。

05 高压架空输电线路附近哪些行为被禁止或限制？

《电力设施保护条例》第十四条至十八条的明确规定，输电线路附近以下行为被禁止或限制。

第十四条 任何单位或个人，不得从事下列危害电力线路设施的行为：

（一）向电力线路设施射击；

（二）向导线抛掷物体；

（三）在架空电力线路导线两侧各 300 米的区域内放风筝；

（四）擅自在导线上接用电器设备；

（五）擅自攀登杆塔或在杆塔上架设电力线、通信线、广播线，安装广播喇叭；

（六）利用杆塔、拉线作起重牵引地锚；

（七）在杆塔、拉线上拴牲畜、悬挂物体、攀附农作物；

（八）在杆塔、拉线基础的规定范围内取土、打桩、钻探、开挖或倾倒酸、碱、盐及其他有害化学物品；

（九）在杆塔内（不含杆塔与杆塔之间）或杆塔与拉线之间修筑道路；

（十）拆卸杆塔或拉线上的器材，移动、损坏永久性标志或标志牌；

（十一）其他危害电力线路设施的行为。

第十五条 任何单位或个人在架空电力线路保护区内，必须遵守下列规定：

（一）不得堆放谷物、草料、垃圾、矿渣、易燃物、易爆物及其他影响安全供电的物品；

（二）不得烧窑、烧荒；

（三）不得兴建建筑物、构筑物；

（四）不得种植可能危及电力设施安全的植物。

第十六条 任何单位或个人在电力电缆线路保护区内，必须遵守下列规定：

（一）不得在地下电缆保护区内堆放垃圾、矿渣、易燃物、易爆物、倾倒酸、碱、盐及其他有害化学物品，兴建建筑物、构筑物或种植树木、竹子；

（二）不得在海底电缆保护区内抛锚、拖锚；

（三）不得在江河电缆保护区内抛锚、拖锚、炸鱼、挖沙。

第十七条 任何单位或个人必须经县级以上地方电力管理部门批准，并采取安全措施后，方可进行下列作业或活动：

（一）在架空电力线路保护区内进行农田水利基本建设工程及打桩、钻探、开挖等作业；

（二）起重机械的任何部位进入架空电力线路保护区进行施工；

（三）小于导线距穿越物体之间的安全距离，通过架空电力线路保护区；

（四）在电力电缆线路保护区内进行作业。

第十八条 任何单位或个人不得从事下列危害电力设施建设的行为：

（一）非法侵占电力设施建设项目依法征收的土地；

（二）涂改、移动、损害、拔出电力设施建设的测量标桩和标记；

（三）破坏、封堵施工道路，截断施工水源或电源。